Gabriele Gollnick

Strukturwandel in der Europäischen Union

Identifizierung regionaler Disparitäten in Bezug auf die Wissensökonomie

GRIN Verlag

Bibliografische Information der Deutschen Nationalbibliothek:

Die Deutsche Bibliothek verzeichnet diese Publikation in der Deutschen National-bibliografie; detaillierte bibliografische Daten sind im Internet über http://dnb.d-nb.de/ abrufbar.

Impressum:

Copyright © 2008 GRIN Verlag, Open Publishing GmbH
Druck und Bindung: Books on Demand GmbH, Norderstedt Germany
ISBN: 978-3-656-19608-2

Dieses Buch bei GRIN:

http://www.grin.com/de/e-book/194250/strukturwandel-in-der-europaeischen-union

Gabriele Gollnick

STRUKTURWANDEL IN DER EUROPÄISCHEN UNION:

IDENTIFIZIERUNG REGIONALER DISPARITÄTEN IN BEZUG AUF DIE WISSENSÖKONOMIE

INHALTSVERZEICHNIS

EINLEITUNG 3

1. THEORETISCHER HINTERGRUND 3

1.1. DIE BEDEUTUNG DES INNOVATIONSPOTENTIALS FÜR EUROPA 3

1.2.1. REGION 5

1.2.2. WISSEN 6

1.2.3. INNOVATION 7

2. AUFBAU DER EMPIRIE 8

2.1. INDIKATOREN 9

2.1.1. HUMANKAPITAL 11

2.1.2. FORSCHUNG UND ENTWICKLUNG 13

2.1.3. PATENTE 15

2.1.4. WISSENSINTENSIVE WIRTSCHAFTSBRANCHEN 17

3. AGGREGIERTE ANALYSE 20

4. FAZIT 24

LITERATUR 26

INTERNETQUELLEN 27

EINLEITUNG

Diese Hausarbeit basiert auf den Vorarbeiten, die im Rahmen des Forschungsseminars „Empirische Methoden der Stadt- und Regionalforschung" im Sommersemester 2007 von den Seminarteilnehmern gemeinsam getätigt wurden. Unser Hauptinteresse war die Messung und kartografische Darstellung von regionalen Disparitäten innerhalb der Europäischen Union in Bezug auf den Strukturwandel zu einer wissensbasierten Wirtschaft. Unser vorrangiges Erkenntnisinteresse war es, Aufsteigerregionen der Wissensökonomie zu identifizieren und ihre Struktur zu analysieren.

Dazu verwendeten wir die öffentlich zugänglichen Regionaldaten des Statistischen Amtes der Europäischen Gemeinschaft *Eurostat.* Wir entwickelten Indikatoren zur Messung des Grades der Wissensintensität der regionalen Wirtschaftsstrukturen und stellten sie anschließend mit dem Kartografie-Programm *Arc View GIS 3.3* von ESRI (*Environmental Systems Research Institute*) dar. Die Auswahl der Indikatoren sowie die ihre Aufbereitung für die kartografische Darstellung erfolgten im Seminar. Die grafische Abbildung und die Interpretation der Ergebnisse entstanden anschließend selbstständig.

1. THEORETISCHER HINTERGRUND

1.1. DIE BEDEUTUNG DES INNOVATIONSPOTENTIALS FÜR EUROPA

Das prominenteste Ziel, das auf dem EU-Gipfel in Lissabon im Jahre 2000 formuliert wurde, war, die Europäische Union zum *„wettbewerbsfähigsten und dynamischsten wissensbasierten Wirtschaftsraum der Welt"* zu entwickeln „- *einem Wirtschaftsraum, der fähig ist, ein dauerhaftes Wirtschaftswachstum mit mehr und besseren Arbeitsplätzen und einem größeren sozialen Zusammenhalt zu erzielen".* Schon seit den 1960ern wird der Begriff der „Wissensökonomie" von verschiedenen wissenschaftlichen Disziplinen diskutiert. Doch wieso erfährt er gerade in den letzten Jahren eine solch frequentierte Verwendung und einen Zugewinn an Relevanz?

Schon in den 1950er und 1960er Jahren prognostizierten Wissenschaftler einen makroökonomischen Strukturwandel der höher entwickelten Länder von der Industriegesellschaft über die Dienstleistungsgesellschaft hin zur *„Wissens- und Informationsgesellschaft".* Der sich seit Mitte der 1980er Jahre vollziehende Wandel macht heute Wissen zur maßgeblichen Ressource für wirtschaftliches Wachstum und Wertschöpfung. Mit der „Produktion, *[...] Verteilung, [...] Nutzung und Kommerzialisierung von Wissen und [dem] Management von Informationen als Quelle der Wertschöpfungsaktivitäten für den Standortwettbewerb"* (Rabe 2007:9) rückt neben der (technischen) Innovation auch der Faktor des Humankapitals in den Fokus der politischen und wissenschaftlichen Debatte. In der ökonomischen und wirtschaftsgeografischen Forschung werden den Branchen des High-Tech-Sektors und den wissensbasierten unternehmensorientierten Dienstleistungen (KIBS) als quartiären Sektor besondere Aufmerksamkeit geschenkt (Vgl. Strambach 1999, Willke 2006:105f.).

In der immer rasanter werdenden Geschwindigkeit des globalen Wissenstransfers, den immer kürzeren Produktlebenszyklen und der Professionalisierung von Wissens- und Innovationsmanagement erkennen Günther et al (2007a:330) die besonderen Herausforderungen, denen sich die Wissensgesellschaft stellen muss. Langfristig wettbewerbsfähig werden die Regionen sein, die es schaffen ihre Potenziale der interaktiven Wissensgenerierung und -diffusion zu mobilisieren, die Kommunikation innerhalb ihrer interorganisatorischen Netzwerke zu verbessern sowie die Lern- und Austauschprozesse ihrer Akteure zu fördern.

Doch der Strukturwandel vollzieht sich innerhalb der EU sehr heterogen. In den Römischen Verträgen von 1957 wurde in der Präambel das Ziel erklärt, die Europäische Gemeinschaft wirtschaftlich anzugleichen, also interne Disparitäten abzubauen (Hölcker 2004:20). Regionale Disparitäten sind wünschenswert, wenn es um die kulturelle Vielfalt oder die regionalen Regelungshoheiten in der EU geht, doch wirtschaftliche Unterschiede werden von der Europäischen Kommission negativ bewertet und ließen sich ohne Steuerung nicht beheben (ebd.:8). Diese Auffassung ist nicht unumstritten. Liberale Ökonomen plädierten lange dafür, dass sich die regionalen Disparitäten in Europa auf lange Sicht durch Marktgesetze selbst regulieren würden. Andere schätzten die Kosten, welche durch die Bedrohung des *„sozialen Friedens"* entstehen könnten, als ungleich höher ein als die Mittel der Regional- und Strukturfonds (ebd.:21ff.). Erst seit dem Maastrichter Vertrag von 1993 wird die wirtschaftliche und soziale Konvergenz der Mitgliedstaaten als gemeinsamer politischer Wille anerkannt. Die Debatte um die Effizienz und Nachhaltigkeit der europäischen Förderstrukturen hält jedoch bis heute an. Hölcker (2004:81ff.) beschreibt, dass sich nur in den 50ern und 60ern eine Angleichung der Regionen nachweisen lässt, sich jedoch seit der Süderweiterung in den 80ern eine weitere Verschärfung der Unterschiede abzeichnet. Auch Konzepte wie die *‚Blaue'* oder *‚Goldene Banane'* (und die Weiterentwicklung der ersteren zum *‚Blauen Stern'*) haben gezeigt, dass sich die wirtschaftliche Entwicklung in den Mitgliedsstaaten bisher nicht angeglichen hat.

Dennoch ist die Europäische Union als Wirtschaftsraum darauf angewiesen international wettbewerbsfähig zu bleiben.

> *„Die Tatsache, dass die Strukturfonds in den Jahren 2007-2013 mit dem enormen Betrag von 347 Mrd. EUR ausgestattet wurden, zeigt, wie wichtig es für die EU ist, dass der wirtschaftliche und soziale Entwicklungsstand der Regionen einheitlicher wird."*[1]

Hölcker (2004) zeichnet die Entwicklung der Regional- und Strukturpolitik zu einer *„Schlüsselpolitik"* der EU nach. In der globalen Konkurrenz zu anderen aufstrebenden Wirtschaftsregionen kann Europa vor allem im Bereich der wissensintensiven Branchen seinen

---

[1] Eurostat Jahrbuch der Regionen 2007: http://epp.eurostat.ec.europa.eu/cache/ITY_OFFPUB/KS-AF-07-001-07/DE/KS-AF-07-001-07-DE.PDF. Zugriff 6.12.2007.

Vorsprung halten und ausbauen. Die Identifizierung der regionalen Stärken und Schwächen im Prozess der Umwandlung ihrer Ökonomie zu einer Wissensintensiven ist dazu ein erster Schritt.

Bevor ich die Indikatoren zur Messung der regionalen Wissensintensität der Wirtschaftsstrukturen vorstelle und die Ergebnisse analysiere, möchte ich zunächst die Begriffe *Region*, *Wissen* und *Innovation* mit dem Schwerpunkt auf deren Verwendung in der wirtschaftsgeografischen Forschung näher beleuchten.

1.2.1. REGION

Auch in der Wirtschaftsgeografie wurde in den letzten Jahrzehnten eine veränderte Sichtweise auf die Vorraussetzungen von wirtschaftlicher Entwicklung erarbeitet. Barthelt und Glückler (2002:31-40) beschreiben die neue Grundperspektive als die *Relationale Wirtschaftsgeografie*, die sich durch die „*vier Ionen*" Organisation, Evolution, Innovation und Interaktion auszeichnet. Wirtschaftliches Handeln ist in diesem Paradigma kontextuell, pfadabhängig und kontingent.

Vor diesem Hintergrund formulieren Hauser et al (2007/1:76ff.) zwei Hauptkonzepte, welche die Wirtschaftsgeografie in den letzten Dekaden prägte:

1. Es fand ein Wechsel vom Kosten- zum Qualitätsprimat als Wettbewerbsvorteil statt. Damit wird Wissen zu einer strategischen Wettbewerbsressource.
2. Es änderte sich die Untersuchungsebene von wirtschaftlicher Entwicklung hin zur Region als Ort von Agglomeration und Diffusion von Wissen.

Bisher gibt es allerdings keine einheitliche Definition von *Region* und für eine tiefer gehende Darstellung der Regionskonzepte bleibt in dieser Arbeit kein Platz. Mal zielt die Region auch die Homogenität eines Raumes in Bezug auf einen (sozialen, kulturellen, geografischen, wirtschaftlichen etc.) Aspekt ab, mal werden funktionale Kriterien angesetzt, um Gebiete voneinander abzugrenzen (Hölcker 2004:12f.). Diese Arbeit orientiert sich, wie die meisten wirtschaftsgeografischen Studien, aus pragmatischen Gründen an den Gebieteskörperschaften unterhalb der nationalstaatlichen Ebene (NUTS 2), da statistische Daten dafür bereits vorliegen. Regionalpolitisch ist diese Einteilung nicht unproblematisch. Die NUTS-Ebenen entsprechen den administrativen Strukturen und man kann über sie politische Maßnahmen direkt umsetzen. Allerdings deckt sich diese Einteilung nicht immer mit den historisch gewachsenen oder wirtschaftlich bedingten Strukturen der Kultur-, Sozial- oder Wirtschaftsregionen.

Historisch kann der Regionsbegriff einen Bedeutungsgewinn verzeichnen. Die Region wurde zunehmend als ein eigenständiger politischer Akteur angesehen, als Partner zur Umsetzung europäischer Politik, was sich mit der Festschreibung des Subsidiaritätsprinzips im Vertrag von Maastricht (Hölcker 2004:59) und dem Begriff „Europa der Regionen" (ebd.:7) manifestiert.

1.2.2. WISSEN

> „Wissen und Innovation für Wachstum *wurde einer der drei Haupt-Aktionsbereiche im*
> *Rahmen der neuen Lissabonner Partnerschaft für Wachstum und Beschäftigung.*
> *Wissenschaft, Technik und Innovation wurden zum Kernstück der EU-Politiken, der EU-*
> *Finanzierung und der Wirtschaft gemacht."* Eurostat Jahrbuch d. Regionen 2007, S. 92.

Wissen wird in der aktuellen politischen und wissenschaftlichen Debatte ein zentraler Stellenwert zugeschrieben, dennoch aber sehr unterschiedlich definiert. Strambach (1999:8) grenzt Wissen gegenüber Information dahingehend ab, als dass Wissen auch *„Bewertungen, Interpretationen, Erfahrungen"* beinhaltet. Ibert (2006, 2007) steuert mit seinen Aufsätzen einen wichtigen Beitrag zur Differenzierung von verschieden Auffassungen von Wissen bei, indem er dem Begriff des Wissens als Agglomerations- (*knowledge*) den des Ortearguments (*knowing*) gegenüberstellt (Vgl. Ibert 2007:104ff.).

In der wirtschaftgeografischen Forschung stützen sich viele Wissenschaftler auf Michael Polanyis (1966) Dichotomie von *tacit* versus *codified knowledge*. Kodiertes Wissen (*codified knowledge*) ist allgemein zugänglich und verständlich und deswegen nicht an einen Ort gebunden. Impliziertes Wissen (*tacit knowledge*) dagegen kann nicht kodiert werden und ist nur durch Interaktion vermittelbar. Daher kommt dem impliziten, kontextuell gebundenen Wissen die zentrale Rolle in der Etablierung von Wettbewerbsvorteilen zu. Auch Florida (1995) und Morgan (1997) beziehen sich auf dieses Paradigma mit ihrem Konzept der *learning region* oder auch Capello/ Faggion (2005) mit ihrer Studie zu *relationalem Kapital*. Hervorzuheben ist hier, dass erstmals weiche Indikatoren, wie eine gemeinsame Kultur und soziale Interaktion, zur Ermittlung von *„hard outcomes"*, wie Innovation oder wirtschaftlicher Entwicklung, eingesetzt wurden (Hauser et al 2007/1:76ff.).

Diese Konzepte stellen eher das Agglomerationsargument von Wissen in den Vordergrund. Je heterogener die an der Wissensgenerierung beteiligten Akteure, desto größer der *„local buzz"* (Ibert 2006:100f.). Wachstum wird hier endogen erzeugt. Auch die Jacobs-Hypothese und das Inkubator-Modell folgen dieser Logik (Günther et al 2007a:333). Der hier vorausgesetzte Wissensbegriff wird von Ibert dahingehen kritisiert, als dass hier ein unabhängiges, von den Akteuren nur zu entdeckendes Wissen vorausgesetzt wird. Innovationen werden nicht geschaffen, sondern entdeckt. Die Regionen stehen also im Wettbewerb um die Entdeckung der gleichen Innovation; dem Konzept der unterschiedlichen Entwicklungspfade und der Spezialisierung von Regionen wird hier weniger Rechnung getragen.

Dagegen definiert das Orteargument Iberts Wissen als lokal situierte Praxis und wird im Gegensatz zum Wissensbegriff des Agglomerationsargumentes als inkommensurabel charakterisiert. Räumliche Distanz ist hier die Vorraussetzung für unterschiedliche, parallel existierende Wissenspraktiken (*archipelagos of situated knowledges*). Doch auch wenn sich Wissen um ein epistemisches Objekt herum lokalisiert und sich räumlich unterscheidet, ist ein Wissensaustausch über Distanzen hinweg möglich und sogar nötig. Mobilität ist die Vorraussetzung für die Schaffung von neuem Wissen. Schon Granovetters (1973) Theorie zu *strong* und *weak ties* macht auf die Gefahren für isolierte Netzwerken aufmerksam, indem sie *weak ties* als Brücken zu Wissensressourcen aus anderen Netzwerken eine zentrale Bedeutung zuschreibt (Vgl. Rabe 2007:55f., zum *lock-in* des Ruhrgebietes vgl. Grabher 1990).

Wissen ist also einerseits eine hochmobile Ressource, aber zugleich lokalisiert. Diese Beobachtung Iberts stellt ein Paradoxon dar und er plädiert für mehr theoretische Auseinandersetzung, um die beiden Betrachtungsweisen, die jeweils empirisch belegt werden können, zu verbinden. Eine dauerhafte Ko-Lokation im Raum ist für die Wissensproduktion notwendig, da erst durch die gemeinsame Kultur, Rituale und Traditionen informelle Austausch- und Arbeitsbeziehungen entstehen, die neues Wissen in der Region ermöglichen, wie auch die Transaktionskostentheorie von Williamson (1975) belegt (Vgl. Ibert 2007:107). Durch die persönliche Interaktion wird Wissen transferiert und Lernprozesse werden initiiert (Rabe 2007:17). Doch auch die temporäre Ko-Präsenz von Wissensträgern externer Netzwerke ist eine Voraussetzung für die Schaffung neuen Wissens. Durch die Assoziierung von raum-zeitlich entfernten Elementen in die lokal situierte Praxis entstehen *„heterogene Netzwerke von Wissenselementen, die ohne diese Bewegung im Raum weder im Herkunfts- noch im Aufnahmekontext so hätten entstehen können"* (Ibert 2006:112f.) Später betont Ibert (2007:109) aber, dass Wissensaustausch in räumlicher Distanz einen höheren organisatorischen Aufwand bedeutet und höhere Transferkosten entstehen lässt, die wiederum kompensiert werden müssen, um den Distanznachteil auszugleichen.

1.2.3. INNOVATION

Doch Wissen allein schafft noch keine wirtschaftliche Entwicklung. Der Wettbewerbsvorteil, um den die Wissensgesellschaften kämpfen, materialisiert sich in *Innovationen*. Erst mit der Verwertung von Wissen in Form von wirtschaftlich, nutzbaren Innovationen, kann regionales Wachstum, Strukturwandel und Beschäftigung generiert werden (Günther 2007a:332, Rabe 2007:66). Aber auch der Begriff Innovation wird sehr unterschiedlich verwendet.

Innovation im engeren Sinn sind technische Neuerungen. In einer erweiterten Sichtweise beinhalten Innovationen auch nicht-technische Neuerungen. Man unterscheidet dann zwischen *„Prozess-, Produktions- und organisatorischer Innovation"* (Rennings, S.2ff.). In den Phasen der Innovation wird zunächst neues Wissen geschaffen, dann adaptiert und schließlich verbreitet. Dabei ist die Schaffung von Innovation stark von seinen Rahmenbedingungen abhängig (Vgl. Strambach 1999):

> *„[Innovationen] sind das Resultat der Interaktion einer Reihe von Organisationen aus den Bereichen Wissenschaft, Industrie und Staat/ Öffentlichkeit, die ihrerseits einer Reihe von institutionellen Rahmenbedingungen (Recht, Steuern, Kultur etc.) unterliegen."* (Günther 2007a:332)

Die Interaktionen der Wissensgenerierung haben dabei zu großen regionalen Disparitäten geführt, die sich in einem kumulativen Prozess sogar noch verstärken. Die Regionen stehen in einem Wettbewerb um ausländische Direktinvestitionen im Bereich Forschung und Entwicklung (ebd.:336) sowie in Konkurrenz um die Anziehung und Bindung von innovativen

Unternehmen und Humankapital (Günther et al 2007b:337, Florida 2002, 2007), wie sich in der öffentlichen Diskussion um Fachkräftemangel, demografischen Wandel und schrumpfende Städte manifestiert. Bildung, Forschung und Entwicklung sowie Innovationsaktivitäten stehen seither auf der politischen Agenda sehr hoch (Brandenburg 2007:5).

Die räumliche Konzentration von regionalen Branchenschwerpunkten wird als *„erfolgsversprechender Ansatzpunkt"* einer effizienten Regionalpolitik angesehen (Franz 2007:344). Die Besinnung auf die Branchenschwerpunkte einer Region trägt dem Umstand Rechnung, dass Cluster und Regionen sich immer weiter spezialisieren, was an den engen wechselseitigen Wirtschafts- und Lernbeziehungen zwischen der dort agierenden Akteuren und den *„Outsourcing"*-Bestrebungen der Unternehmen liegt. Diese regionalen Spezialisierungen sind aber nicht allein auf wissensintensive Branchen beschränkt. Festzustellen ist allerdings eine Konzentration von Innovationstätigkeiten vor allem in städtischen Agglomerationsräumen. Besonders die Metropolen bilden Knotenpunkte, die durch ihre Infrastruktur einen besseren Zugang zu Markt, Humankapital und damit Wissen besitzen.

2. Aufbau der Empirie

Zur Erhebung der europäischen, regionalen Disparitäten in Bezug auf ihre Wissensintensität, verwendeten wir im Seminar Datensätze, die über *Eurostat*, dem Statistischen Amt der Europäischen Gemeinschaft, veröffentlicht werden. Da die meisten, für unsere Forschungsfrage relevanten Daten jedoch nur für die NUTS 2-Ebene (*nomenclature of territorial units for statistics*) erhoben wurden, kann ich die Ergebnisse nur auf dieser Ebene abbilden. Eine Darstellung der Ergebnisse auf NUTS 3-Ebene wäre genauer, lässt sich aber durch das Fehlen statistischer Daten nicht bewerkstelligen.

Nach der Identifizierung der Indikatoren und ihrer Beschaffung fassten wir 18 Metropolregionen jeweils als Raumeinheiten zusammen. Damit wollten wir den Umstand berücksichtigen, dass die administrativen Einheiten auf der NUTS-Ebene nicht immer denen einer Wirtschaftsregion entsprechen (Hölcker 2004:12f.). Seit 1995 vergibt die Ministerkonferenz für Raumordung (MKRO) den Status einer Metropolregion an hoch verdichtete Agglomerationsräume mit mindestens einer Millionen Einwohnern, deren gesellschaftliche, wirtschaftliche, soziale und kulturelle Ausstrahlungskraft über die Nationalgrenzen hinaus reichen. Sie zeichnen sich durch eine hohe Kooperation und Vernetzung im engeren metropolitanen Verflechtungsraum aus und beziehen die Potenziale im weiteren metropolitanen Verflechtungsraum ein, um die Bedeutung der Gesamtregion zu steigern (BMVBS). In Deutschland gibt es bisher 11 Metropolregionen (Sinz 2005:1), denen durch diese Zuweisung raumplanerisch eine besondere Bedeutung zukommt. Wir haben in unserer kartografischen Darstellung die Metropolregionen Athen, Berlin-Brandenburg, Birmingham, Bratislava, Bremen, Brüssel, Bukarest, Hamburg, Hannover-Braunschweig, Lissabon, London, Manchester-Liverpool, Prag, das Rhein-Ruhrgebiet, das Sachsendreieck,

Stockholm, Wien und Zürich berücksichtigt, indem wir sie als eine Raumeinheit zusammengefasst haben.

2.1. INDIKATOREN

Strambach (1999:9) kritisiert, dass es bisher an eindeutigen Indikatoren zur Messung der Wissensbasiertheit von Ökonomien/ Unternehmen mangelt. Die meisten empirischen Studien haben daher eine Annäherung durch die Branchenaggregation gesucht. Auf europäischer Ebene war die Forschungsgruppe *Knowledge Economy Indicators* (KEI) im Rahmen des *Scientific Support for Policies* des *Sixth Framework Programme for Research and Technological Development* von September 2004 bis November 2007 damit beauftragt, Indikatoren der Wissensgesellschaft zu identifizieren, diese zu analysieren, zu testen und zu aggregieren, um Empfehlungen an verschiedene Politik- und Forschungsfelder weiterzuleiten. Insgesamt wurden 125 Indikatoren aus 30 europäischen und sechs nicht-europäischen Staaten in ein Kategoriensystem eingeordnet und in Bezug auf die Lissabon-Strategie abgegrenzt, um ein verbessertes Verständnis über die wissensbasierte Ökonomie zu ermöglichen.

Dieses umfangreiche Forschungsprojekt beschäftigte zahlreiche Wissenschaftler in fünf Forschungseinrichtungen[2] für 39 Monate. Innerhalb unseres Forschungsseminars konzentrierten wir uns nur auf elf Indikatoren, die aber auch in den meisten Studien herangezogen werden, um die Wirtschaft in der Wissensgesellschaft zu untersuchen, so beispielsweise auch in der Teilstatistik *„Wissenschaft, Technologie und Innovation"* im Eurostat Jahrbuch der Regionen 2007. In der Tabelle 1 sind die Indikatoren, deren Erhebungsjahr und gegebenenfalls ihre Erläuterungen dargestellt. Die Datenlücken, welche durch die verspätete Zuarbeit oder Erhebung bei den jeweiligen nationalen Statistischen Ämtern entstanden, wurden mit den Werten des Vorjahres gefüllt.

Die Daten bearbeiteten wir zunächst mit dem Programm Excel und passten sie der Datenmatrix, die uns zur NUTS-2-Ebene vorlag, an. Anschließend wurden die Indikatoren standardisiert. Die Indikatoren zu den wissensbasierten Dienstleistungsunternehmen und dem Humankapital wurden des Weiteren aggregiert. Alle Darstellungen arbeiten mit einer Skalierung von fünf Kategorien nach natürlichen Unterbrechungen.

---

[2] The KEI research will be conducted by five institutions, Eberhard-Karls University of Tübingen (Ralf Münnich), Germany; the Joint Research Centre of the European Commission in Ispra (Andrea Saltelli), Italy; the Katholieke Universiteit Leuven (Tom Van Puyenbroeck), Belgium; the University of Maastricht (Anthony Arundel), The Netherlands; as well as Statistics Finland (Mikael Åkerblom), Finland. The scientific and administrative coordination will be performed by Tübingen. (http://kei.publicstatistics.net/KEI%20Press%20release%20Nov%202004%20final.pdf)

Tabelle 1: Indikatoren der Wissensökonomie[3]

Abkürzung	Indikator	Aggregierte Daten	Jahr	Nace/ Anmerkung
S_FUEAW03	Ausgaben der Wirtschaft für Forschung und Entwicklung		2003	Erhebung durch die internationale Bildungsstatistik, Gesamte FuE-Ausgaben in % des BIP , alle Sektoren
S-PAT02	Patente		2002	Patentanmeldungen beim Europäischen Patentamt, absolute Zahl weist allerdings viele Datenlücken auf
S_HATP03	Patente im Bereich Hightech		2003	
S_BEVHB05	Anteil der Hochqualifizierten an der Gemsamtbevölkerung		2005	
S_HRSTB05	Beschäftigte in Wissenschaft und Forschung		2005	
S_MAHIT05	Beschäftigte in Spitzentechnologie	zusammen-gefasst zu INDEXind	2005	zur Spitzentechnologie gehören: **24.4** Manufacture of pharmaceuticals, medicinal chemicals and botanical products; **30** Manufacture of office machinery and computers; **32** Manufacture of radio, television and communication equipment and apparatus; **33** Manufacture of medical, precision and optical instruments, watches and clocks; **35.3** Manufacture of aircraft and spacecraft.
S_MAMHI05	Beschäftigte in Bereich der Medium Hightech		2005	Zum Bereich mittlere - hoch Technologie gehören: **24** Manufacture of chemicals and chemical product, **excluding 24.4**; **29** Manufacture of machinery and equipment n.e.c.; **31** Manufacture of electrical machinery and apparatus n.e.c.; **34** Manufacture of motor vehicles, trailers and semi-trailers; **35** Manufacture of other transport equipment, **excluding 35.1 and excluding 35.3.**

---

[3] Die Einteilung der Technologieintensität erfolgt auf den EU-Kategorien:
http://epp.eurostat.ec.europa.eu/cache/ITY_OFFPUB/KS-SF-07-068/DE/KS-SF-07-068-DE.PDF. Zugriff: 6.12.2007.

S_KIS5HT	Wissensbasierte Dienstleistungen in Bereich Hightech		2005	64 Post and telecommunications; 72 Computer and related activities; 73 Research and development
S_KIS5MS	Wissensbasierte Dienstleistungen in Bereich market services	zusammen-gefasst zu INDEXkis	2005	61 Water transport; 62 Air transport; 70 Real estate activities; 71 Renting of machinery and equipment without operator and of personal and household goods; 74 Other business activities
S_KIS5FS	Wissensbasierte Finanzdienstleistungen		2005	65 to 67 Financial intermediation
S_KIS05OT	Andere wissensbasierte Dienstleistungen		2005	80 Education, 85 Health and social work, 92 Other community, social and personal service activities (leider liegt hier keine genauere Aufschlüsselung vor)

2.1.1. HUMANKAPITAL

Die Datensätze zu Humankapital im Bereich Wissenschaft und Technologie (HRST *human resources in science and technology*) messen den Bestand der Personen mit einem wissenschaftlichen Hochschulabschluss in einem wissenschaftlichen oder technischen Studium und/oder Personen, die in einer Beschäftigung tätig sind, in der man ein solches Studium normalerweise voraussetzt (Eurostat Jahrbuch der Regionen 2007:95).

In der endogenen Wachstumsforschung wird Humankapital als Grundlage einer regionalen oder nationalen Innovationsfähigkeit angesehen. Es fungiert als *„central determinant of input of innovation"* (Brandenburg et al. 2007:5ff.). Es befindet sich also, im Gegensatz zum für Netzwerke relevanten sozialem Kapital, in der Verfügungsgewalt einer Einzelperson (Rabe 2007:54).

Günther et al (2007b:343) stellten zwischen Humankapitalausstattung einzelner Unternehmen und Innovation keine Signifikanz fest. Wichtiger als die einmal erworbene formale Qualifizierung sei die Weiterentwicklung des Humankapitals in Form von Lebenslangem Lernen. Auch Brandenburg et al (2007:20) teilen diese Erkenntnisse. Nicht nur der Bildungsabschluss, sondern auch der Einsatz von Hochqualifizierten in Forschungs- und Entwicklungsaktivitäten hat eine positive Auswirkung auf die Innovationstätigkeit von Unternehmen, vor allem für Firmen, die Produktinnovationen durchführen. Diese Ergebnisse kann man von der Firmenebene auch auf eine Regionale übertragen. Daher verwendeten wir einen standardisierten und aggregierten Indikator, welcher die Beschäftigten im Hightech- und im Medium-Hightechsektor, statt den Anteil der Bevölkerung mit einem Universitätsabschluss, misst.

In der Verteilung von Humankapital sind in der Europäischen Union große regionale Unterschiede auffällig. López-Rodríguez et al (2007:217ff.) fanden in ihrer Regressionsanalyse heraus, dass innerhalb der EU das Niveau der Bildungsabschlüsse in Regionen mit schlechterem Marktzugang deutlich niedriger ausfällt als in Regionen mit stärkerem Marktzugang. Damit sind diese Regionen in doppelter Hinsicht benachteiligt. Auch in den Analysen von *Eurostat* wird den Metropol- und Hauptstadtregionen eine Konzentration hoch qualifizierter Arbeitsplätze attestiert (Vgl. 2007: 95).

In der grafischen Darstellung ist festzustellen, dass die Regionen Rhein Ruhr (Rang 1), London (2) und Île de France (5) in Bezug auf ihre Humankapitalausstattung erwartungsgemäß weit vorn liegen. Doch auch die Lombardei (3) und Stuttgart (4) sind hier sehr gut aufgestellt. In der mittleren Kategorie führen die Mittelmeerregionen Cataluña (7), Rhône-Alpes (8) und Piemont (13). Katalonien ist eine hoch industrialisierte Region, die unter anderem für ihren Textil-, Chemie-, Pharmazie- und Automobilsektor bekannt ist. Auch die guten Werte von Piemont sind nicht verwunderlich, da es die wohlhabendste Region Italiens ist. Unsere Metropolregionen Sachsen-Dreieck (12), Birmingham (14), Manchester-Liverpool (18), Hannover-Braunschweig (19), Hamburg (20), Zürich (21) und Berlin (22) liegen nur in der mittleren Klassifizierung. Von den skandinavischen Ländern liegt nur Dänemark (17) in dieser Kategorie. In den osteuropäischen Ländern führen Bukarest (27), Bratislava (30), Kozep-Magyarorszag (37) und Mazowieckie (40) in Bezug auf die in High- und Medium-Hightechsektor Beschäftigten, haben aber im europäischen vergleich noch Aufholbedarf.

**Beschäftigte im Hightech- und
Medium-Hightech-Sektor 2005**

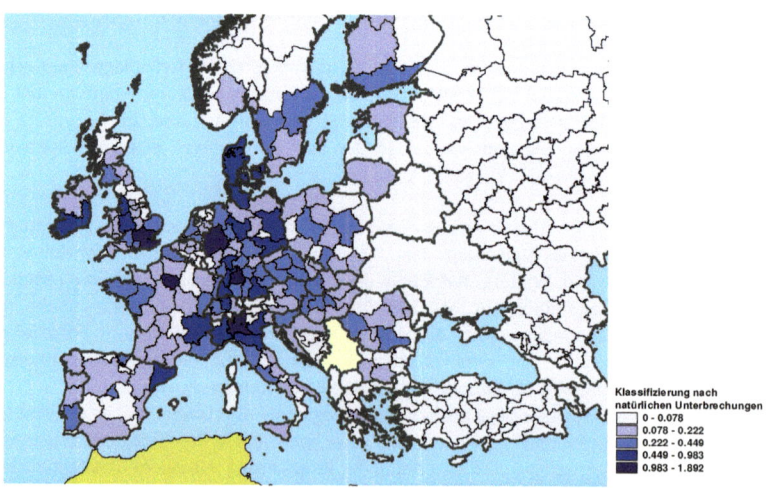

Die meisten Beschäftigten in diesem Sektor konzentrieren sich also im Kernraum Europas. Osteuropa, aber auch der Süden Europas zeigen hier unterdurchschnittliche Werte.

Betrachtet man den Anteil der im Hightech-Bereich Beschäftigten an der Gesamtbeschäftigtenzahl, verstärkt sich der Kontrast des Zentrums-Peripherie-Gefälles. Der Kernraum Europas bleibt besonders stark, aber auch Skandinavien tritt nun deutlicher hervor. Zwar ist die Gesamtzahl der Hochqualifizierten zahlenmäßig unterdurchschnittlich, doch verglichen mit den Gesamtbeschäftigten ist hier eine besonders hohe Konzentration zu erkennen. Auf der iberischen Halbinsel, in Griechenland und in Osteuropa sind nur in den Hauptstadtregionen höhere Agglomerationen von Beschäftigten im Hightech-Sektor zu erkennen. Innerhalb Osteuropas können Tschechien und die Slowakei insgesamt gute Werte erzielen. Die Disparitäten zwischen den Regionen sind hier nicht so stark ausgeprägt wie in Ungarn, Polen und Bulgarien. Selbst Spanien, Portugal und Griechenland zeigen größere regionale Unterschiede in Bezug auf diesen Indikator.

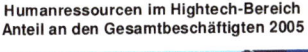

**Humanressourcen im Hightech-Bereich
Anteil an den Gesamtbeschäftigten 2005**

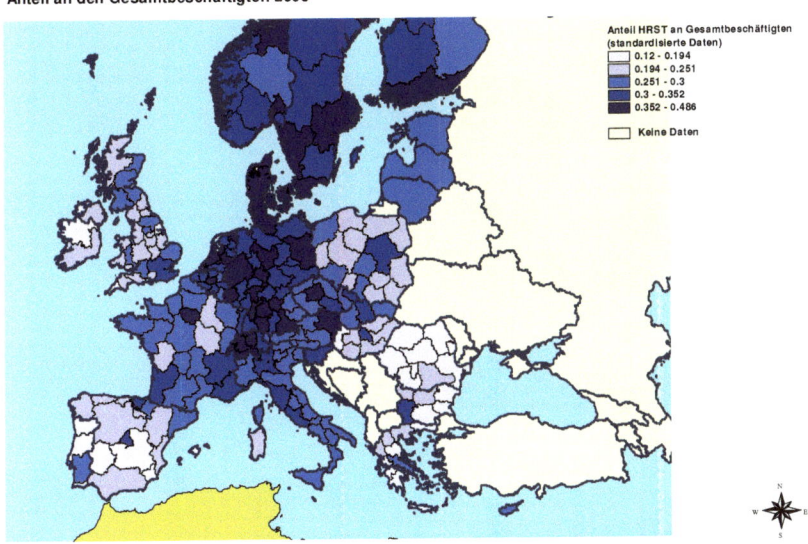

2.1.2. Forschung und Entwicklung

Neben dem Humankapital gelten auch die Investitionen in Forschung und Entwicklung (FuE) *„als Inputfaktoren für Produktinnovationen"*. Sie generieren neue Erkenntnisse und erhöhen die *„technologische Absorptionsfähigkeit"*, d.h. die Fähigkeit externes Wissen effizienter anzuwenden (Günther et al 2007b:338ff.). In der erweiterten Lissabon-Strategie von 2005 wurde das Konzept des Europäischen Forschungsraumes aufgenommen und auf den EU-

Tagungen in Barcelona und Lissabon wurde beschlossen die FuE-Ausgaben bis 2010 von 1,9% des BIP auf 3% anzuheben (Eurostat Jahrbuch der Regionen 2007:92).

Bei den Ausgaben für Forschung und Entwicklung ist wieder eine Konzentration im europäischen Kernraum zu erkennen. Neben den Metropolen Paris (Rang 1) und London (2), gibt es nur die deutschen Regionen Oberbayern (3), Stuttgart (4), Rhein-Ruhr (5), Darmstadt (6) und Hannover-Braunschweig (7), die Forschungsausgaben ab 2,6% des Gesamtwertes aufweisen, also in die ersten zwei Kategorien fallen. In der mittleren Kategorie folgen einige Regionen im Bereich der *‚goldenen Banane'* (Mittelmeerraum) und die skandinavischen Regionen Stockholm (8), Dänemark (9), Võstsverige (11) und Etelö-Suomi (13). Auch die Metropolräume Manchester-Liverpool (15), Berlin (17), Madrid (19) und Wien (24), sowie die an London angrenzenden Regionen East Anglia (16) und Hampshire (26) fallen in die mittlere Kategorie von 1% - 2,6% des Gesamtwertes.

**Augaben der Wirtschaft
für Forschung und Entwicklung 2003**

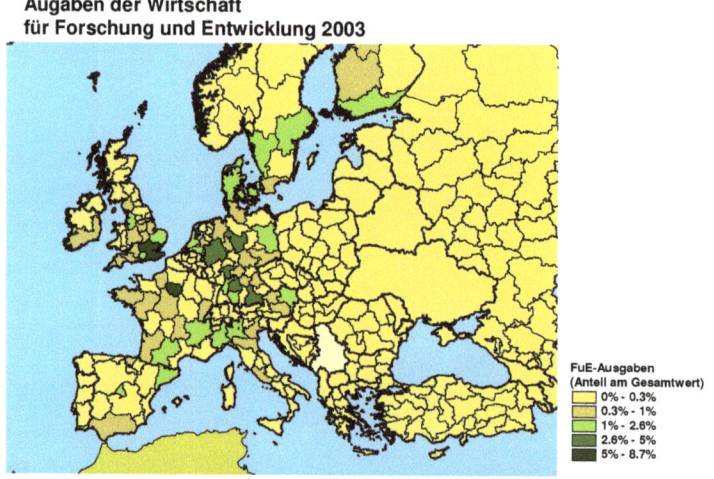

Die osteuropäischen Regionen fallen bei der Betrachtung der Ausgaben für Forschung und Entwicklung weit hinter den anderen Regionen zurück. Allerdings bezieht sich dieser Indikator auf das Jahr 2003, also ein Jahr vor dem EU-Beitritt. Interessant wäre es zu verfolgen, wie die östlichen Regionen sich seit 2004 entwickelten. Auf Eurostat standen uns aber keine aktuelleren Datensätze zur Verfügung. Auch die südlichen Regionen der EU zeigen hier unterdurchschnittliche Werte.

Die Metropolen London und Paris, als auch die deutschen Regionen Rhein-Ruhr, Oberbayern und Stuttgart zeigen eine sehr hohe Konzentration sowohl an FuE-Ausgaben als auch an Arbeitsplätzen für hoch Qualifizierte.

2.1.3. PATENTE

Patente sind eine wichtige Vorstufe zur wirtschaftlichen Innovation. Daher werden sie oft als *„output-orientierter Indikator für die Innovationsorientierung der Wirtschaft"* herangezogen (Franz 2007:327, Günther et al 2007b:343). Franz (2007:344) erkennt in den Patentanmeldungen als Indikator für Innovation/ innovative Kompetenzfelder eine entscheidende Weiterentwicklung des Forschungsblickwinkels weg von den harten Standortfaktoren hin zur Qualität des Humankapitals. Durch die Konzentration von innovativen Akteuren in einer Region erhöhe sich die Wahrscheinlichkeit von Wissens-Spillovers und somit der Entstehung von Innovationen (Rabe 2007:17). Patentanmeldungen haben einen intermediären Charakter, da sie sowohl FuE-Output als auch *„Input in den weiteren Prozess der Umsetzung und Verwertung"* von Neuerungen abbilden. Auch Griliches (1990) befürwortete die Heranziehung der Patentstatistiken zur Ermittlung von technologischem Wandel.

Allerdings räumt Franz (2007:346) ein, dass Patente im Low-tech- und in schwer zu patentierenden Bereichen (Design, Vertrieb, Logistik, Vermarktung) wenig Aussagekraft für den Vergleich der Wirtschaftskraft der Regionen besitzen. Darüber hinaus haben die Länder kein einheitliches System der Patentierungen. In der Europäischen Patentkonvention schließt man beispielsweise Software als patentierbar aus, während das Europäische Patentamt Computer gestützte Patente berücksichtigt (Vgl. Doel et al 2004:178). Der rechtliche Kontext wird in international vergleichenden Studien aber dennoch vernachlässigt (ebd.: 188). Ein weiteres Problem ergibt sich auch auf regionaler Ebene: zumeist werden Patente am Sitz der Firma angemeldet und lassen keine Schlüsse auf den wirklichen Innovationsort zu, so zum Beispiel im Falle von Innovationen, die in der Tochterfirma getätigt wurden. Auch im Bereich der Verwertung von Patenten hat der Indikator wenig Aussagekraft, da durch den Verkauf von Patenten der Ort des Outputs sich vom Ort der Innovationsgenerierung unterscheiden kann.

Trotz aller Bedenken gegenüber diesem Indikator wird er sehr häufig in empirischen Studien verwendet. Hauser et al (2007/1:79) legitimieren diese Entscheidung folgendermaßen: *„However, they [patents] constitute the most adequate available proxy for new economic knowledge for a large-scale analysis."* Daher entschieden wir uns im Seminar auch für die Verwendung dieses Indikators.

Ich betrachte im Folgenden die Patentanmeldungen im Hightech-Bereich. Nach der Île de France, folgen die Regionen Oberbayern, Noord-Brabant, Rhein-Ruhr und London als die fünf Regionen, welche in die Spitzen-Kategorie fallen. Die Regionen, die den folgenden zwei Klassen zufallen konzentrieren sich alle im Zentrum Europas in Deutschland, Dänemark, Südfrankreich, Norditalien und Großbritannien. Auffällig ist, dass sowohl die neuen Beitrittsländer als auch die südlichen Mittelmeerländer unterdurchschnittlich viele Patente im Hightech-Bereich anmeldeten. Doch auch diese Daten beziehen sich auf das Jahr 2002 und man müsste die Entwicklungen Osteuropas ab 2004 weiterverfolgen, um Aussagen über deren Entwicklungstendenz abzugeben.

Patentanmeldungen
im Hightech-Bereich 2003

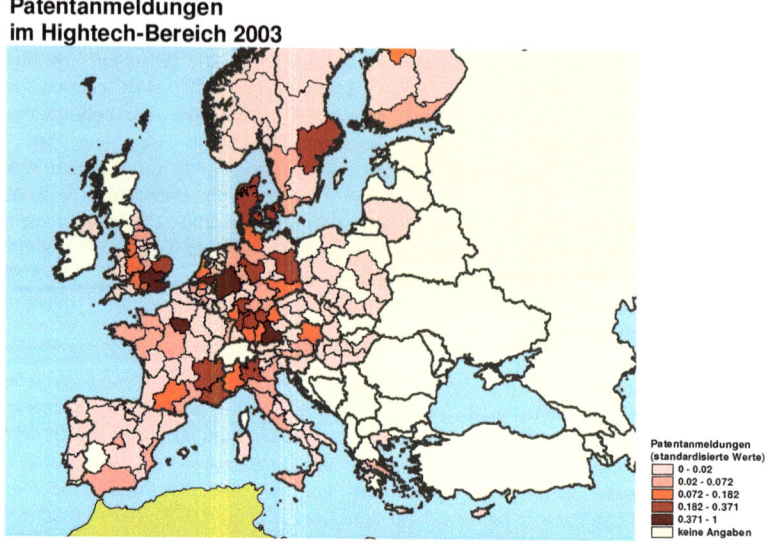

Vergleicht man diese Grafik mit der Darstellung allgemeiner Patentanmeldungen, fällt auf, dass sich ähnliche Cluster herausbilden wie in der Betrachtung der Hightech-Patente: In Großbritannien angrenzend an die Metropolregion London, in Süddeutschland und im Mittelmeerbereich von Südfrankreich bis Norditalien. In der allgemeinen Patentstatistik kommt ein Cluster in den skandinavischen Ländern hinzu.

Zudem zeigt sich, dass einige Regionen anteilig mehr Patentanmeldungen 2003 im Hightech-Bereich anmeldeten als 2002 an Patenten allgemein. Daraus kann man folgern, dass sich in den Metropolregionen Berlin-Brandenburg und Wien sowie den Regionen Rhône-Alpes, Provence-Alpes und Antwerpen eine Spezialisierung im Bereich Hightech abzeichnet.

**Patentanmeldungen 2002
insgesamt**

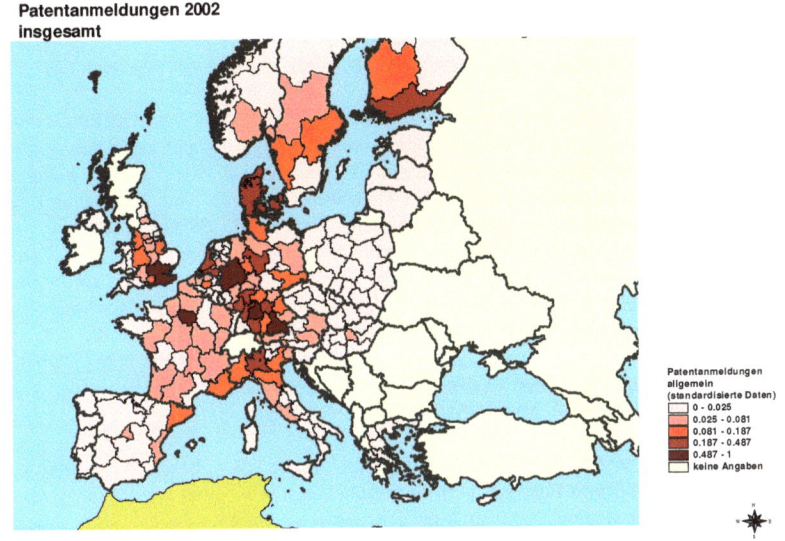

Patentanmeldungen
allgemein
(standardisierte Daten)
- 0 - 0.025
- 0.025 - 0.081
- 0.081 - 0.187
- 0.187 - 0.487
- 0.487 - 1
- keine Angaben

2.1.4. WISSENSINTENSIVE WIRTSCHAFTSBRANCHEN

Wissensintensive Branchen nutzen die kontinuierliche Generierung und Weiterentwicklung von Wissen und zeichnen sich durch einen hohen Anteil an Forschungs- und Entwicklungsaktivitäten, einer innovativen Produktion und spezialisierten, auf Kundenwünsche orientierten, wissensbasierten Dienstleistung aus. Wie Rabe (2007:32ff.) in ihrer Beschreibung des Gründers und des Gründungsprozesses von wissensintensiven Unternehmen herausgearbeitet hat, sind diese Branchen mit besonderen Unsicherheiten und Risiken konfrontiert: Wissen und deren Umsetzung in Innovationen bedeutet nicht nur einen Wettbewerbsvorteil, sondern ist überlebenswichtig.

Um die Technologienintensität von einzelnen Branchen zu messen hat *Eurostat* einzelne Branchenfelder des verarbeitenden Gewerbes aggregiert. Welche Branchen zu den einzelnen Kategorien zählen, habe ich in der Tabelle 1 bereits aufgeführt. Die Daten beziehen sich auf das Erhebungsjahr 2005. Die Dienstleistungen in den Bereichen Hightech, Markt und Finanzen gelten als wissensintensiv. Des Weiteren existiert in der Klassifikation von *Eurostat* eine weitere, aber nicht näher spezifizierte Gruppe wissensbasierter Dienstleistungen, die als wissensintensiv eingeschätzt wird. Diese vier Bereiche der wissensintensiven Dienstleistungen haben wir addiert und anschließend standardisiert, um die regionalen Unterschiede darstellen zu können.

Dienstleistungen sind eine Wachstumsbranche und werden als Zukunftsbranche gehandelt, die auch die meiste Beschäftigung generieren wird. 2005 waren 66% der in der EU-Beschäftigten im Dienstleistungssektor tätig. Auf die wissensintensiven Dienstleistungen entfallen 32% der abhängig Beschäftigten (Vgl. Eurostat Jahrbuch der Regionen 2007:97).

London (Rang 1) ist das führende Zentrum der wissensintensiven Dienstleistung, gefolgt von Paris (Île de France) und dem Metropolraum Rhein-Ruhr (3). Es gibt einen Schwerpunkt der Verbreitung wissensintensiver Dienstleistungen im Bereich der *‚Blauen Banane'* vom nördlichen England (die Metropolräume Manchester-Liverpool und Birmingham) bis nach Norditalien (Lombardei), sowie in den Regionen der *‚Goldenen Banane'* an der Mittelmeerküste, die durch ihre modernen Industrien bekannt sind. Aber auch der Metropolraum Berlin (15), Madrid (6) und Stockholm (11) sind hier stark. Laut Jahrbuch der Regionen (2007:97) sind in Schweden und Norwegen über 40% der Gesamtbeschäftigten in den wissensintensiven Dienstleistungen beschäftigt, eine Konzentration, die aufgrund der geringen Bevölkerungsdichte hier nicht hervortritt, aber schon unter Punkt 2.1.1. berücksichtigt wurde. In den Staaten, die erst in den 80ern der EU beitraten, zeigen die Regionen Andalusien (19), Athen (25) und Lissabon (31) Aufholprozesse.

In Osteuropa sind Mazowieckie (21) und Slaskie (48) in Polen, Kozep-Magyarorszag (34) in Ungarn, Prag (47) und Bukarest (43) hervorzuheben, die in ihren Ländern eine besondere Konzentration an wissensintensiven Dienstleistungen aufweisen.

Die Hauptstadtregion Mazowieckie ist die größte, bevölkerungsreichste und die wirtschaftlich stärkste in Polen, was nicht zuletzt an den ausländischen Direktinvestitionen ab 1989 liegt, die bis 2004 bei 84,5 Milliarden US Dollar lagen[4]. Auch Slaskie weist ein überdurchschnittliches Wachstum auf. In dem sonst noch landwirtschaftlich geprägten Polen ist eine Veränderung der Wirtschaftsstruktur zu erkennen. Die Bruttowertschöpfung beträgt bereits 56% im Dienstleistungssektor, nur 22% in der Industrie, 6% in der Bauwirtschaft und 4% in der Landwirtschaft. Fast 70% der Beschäftigung wird im Privatsektor generiert[5].

---

[4] www.euost.bmwa.gv.at/pdf/Li_Polen.pdf. Zugriff: 17.12.2007.
[5] http://www.auswaertiges-amt.de/diplo/de/Laenderinformationen/Polen/Wirtschaft.html. Zugriff: 17.12.2007.

Wissensintensive Dienstleistungen 2003
(Aggregiert)

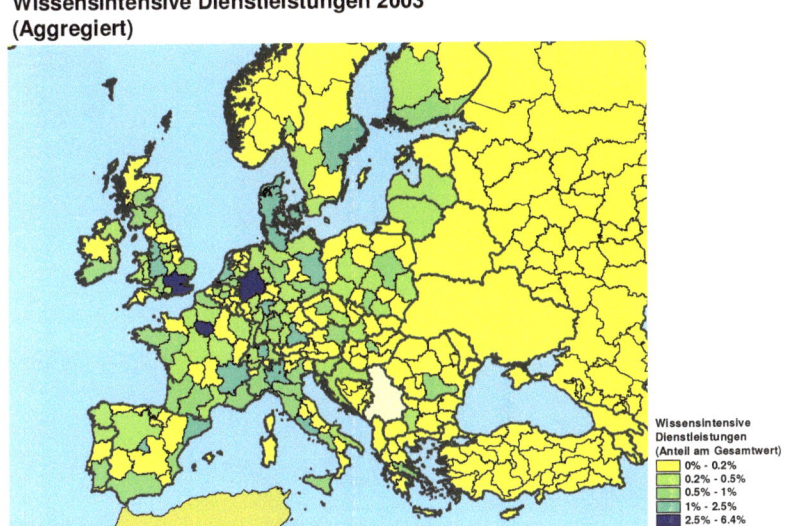

Wissensintensive
Dienstleistungen
(Anteil am Gesamtwert)

- 0% - 0.2%
- 0.2% - 0.5%
- 0.5% - 1%
- 1% - 2.5%
- 2.5% - 6.4%

Betrachtet man nur die wissensintensiven Dienstleistungen im Hightech-Bereich, so zeigen die osteuropäischen Regionen Mazowieckie auf Rang 17, Kozep-Magyarorszag auf Rang 23, Prag (31) und Bukarest (32) im europäischen Vergleich bereits ein recht fortgeschrittenes Entwicklungsniveau. Nur ein Jahr nach dem EU-Beitritt haben sie bereits eine Konzentration dieser Branche, die etablierte Regionen, wie Wien (27) oder den Metropolraum Hannover-Braunschweig (34) übertrifft.

**Wissensintensive Dienstleistungen
im Hightech-Sektor 2005**

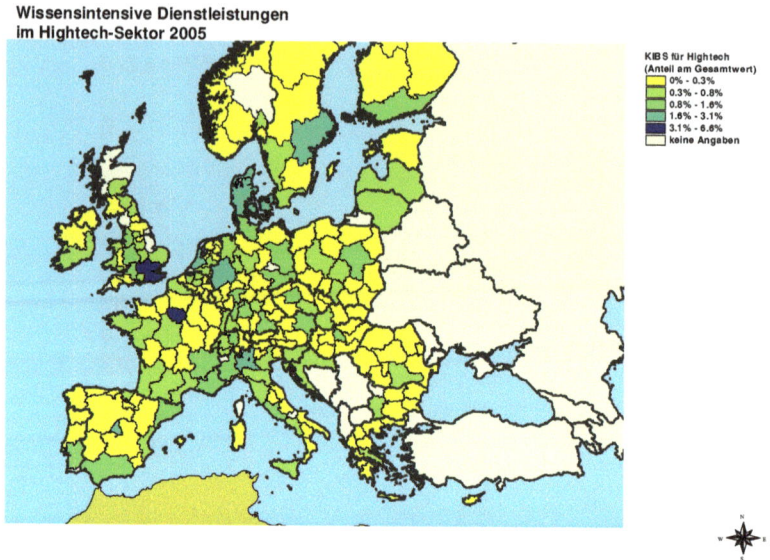

3. AGGREGIERTE ANALYSE

Abschließend möchte ich eine Grafik vorstellen, welche mit einem aggregierten Indikator die Wissensökonomie in der Europäischen Union darstellt. Die elf Variablen wurden gleich gewichtet, summiert und anschließend standardisiert.

In dieser Darstellung sieht man die generelle Konzentration im Zentrum Europas wieder. Die Zentren London (1), Rhein-Ruhr (2), Paris (3) sind die Regionen mit den führenden Kompetenzen in der wissensintensiven Wirtschaft. Die Regionen Lombardei (4), Rhône-Alpes (10), Cataluña (11) und Madrid (14) im Süden Europas zeigen dank ihrer modernen Industriezweige ebenfalls ein fortgeschrittenes Entwicklungsniveau. Außerdem besitzen die Regionen Dänemark (8) und Stockholm (17) eine erwartungsgemäß überdurchschnittlich hoch entwickelte Wissensökonomie. Doch auch die ostdeutschen Regionen Berlin-Brandenburg (13) und das Sachsendreieck (21) zeigen in den Aggregaten starke Aufholtendenzen. Hier sind es vor allem die Agglomerationen in großen Städten, welche durch ihre Potenziale in mehreren wissensintensiven Wirtschaftszweigen die starken *„Entwicklungsinseln"* darstellen (Vgl. Krätke/ Borst 2004:3f.).

Innerhalb der neuen Beitrittsländer sind es ebenfalls die Hauptstadtregionen, welche länderintern hervorstechen: Mazowieckie (31), Bukarest (35), Kozep-Magyarorszag (47), Prag

(53), Bratislava (57). Kämpfer (2007:23f.) fand in ihrer Regressionsanalyse heraus, dass es einen signifikanten Zusammenhang zwischen der regionalen Infrastruktur, dem Landwirtschaftssektor, dem Agglomerationsgrad sowie der regionalen Entfernung zur Landeshauptstadt und der regionalen Wirtschaftsleistung gibt.

Die Hauptstadtregion um Warschau, Mazowieckie, ist wie schon in den Einzelindikatoren erkennbar, die Region unter den neuen Beitrittsländern, die sich durch eine besondere Wissensintensität auszeichnet.

> *„[Die MOE-] Länder verfolgten vor dem Fall des Eisernen Vorhangs eine Politik der Nivellierung regionaler Ungleichheiten, welche durch starke Deregionalisierungsmaßnahmen untermauert wurde (Inotai 2000: 39; Illner 2003: 120). Daher existierten regionale Disparitäten allenfalls latent. Nach der gewaltlosen Revolution von 1989 setzten allerdings Transformations-und Modernisierungsprozesse ein, die zu einer neuen Entwicklungsdynamik von Regionen und zur Manifestierung regionaler Unterschiede führten. (Pavlik 2000; Fidrmuc / Fidrmuc 2000; Segert 2002; Mayer 1997; Dreyhaupt- von Speicher 2002 und Speder / Schultz / Habich 1997)"* Kämpfer 2007: 5.

Polen, Ungarn und die Tschechische Republik hatten im Vergleich zu anderen Mittel- und Osteuropäischen Staaten ihre Wirtschaft relativ schnell liberalisiert und umstrukturiert. Heute zeichnet sich Polen durch einen sehr starken tertiären Sektor aus und kann stetige, überdurchschnittliche Wachstumsraten vorweisen[6]. Polen erhielt zwischen 2004 und 2006 8,276 Milliarden Euro aus dem Europäischen Strukturfond (ESF) und 4,179 Milliarden Euro aus Kohäsionsfonds. Gleichzeitig hat Polen aber eine Arbeitslosenquote von 20% und die sozialen Unterschiede vergrößern sich mit dem fortschreitenden Strukturwandel stetig. Die ausländischen Direktinvestitionen konzentrieren sich bis heute vor allem auf die Hauptstadtregion.

Auch in Ungarn zeichnet sich ein ähnliches Bild: neue ausländische Industrieansiedlungen, wie der finnische Konzern Nokia, gibt es vor allem in der Region um Budapest. *„Dagegen leidet vor allem der Nordosten Ungarns unter der nahezu vollständig zusammengebrochenen Kohle- und Stahlindustrie. Die Arbeitslosenrate lag lange um die 20 Prozent"*[7].

Bratislava schneidet im osteuropäischen Vergleich verhältnismäßig schlecht ob, obwohl die Nähe zum Metropolraum Wien Clusterpotenziale bewirken könnte. Doch Wien, welches auf Rang 27 selbst nut mittelmäßig abschneidet und auch in der Darstellung der einzelnen Indikatoren eher im Mittelfeld bleibt, kann die nötigen Impulse hier wahrscheinlich nicht anregen. Nachdem sich die Slowakei in den 80ern auf die Schwerindustrie spezialisiert hatte, mussten ab 1990 ganze Industriezweige geschlossen und neue aufgebaut werden[8]. Heute konzentrieren sich die chemische Industrie, der Maschinenbau und die Lebensmittelindustrie in der Hauptstadtregion. *„Bratislava ist nach Prag die zweitreichste Wirtschaftsregion der neuen EU-Beitrittsländer. Kaufkraft und Produktivität liegen dort exakt im EU-Schnitt."*[9]

---

[6] http://www.bpb.de/themen/I4Z26L,0,0,Wirtschaft.html. Zugriff: 17.12.2007..
[7] http://www.bpb.de/themen/PY7V1A,0,0,Wirtschaft.html. Zugriff 17.12.2007.
[8] http://www.bpb.de/themen/F8LBQG,0,0,Wirtschaft.html. Zugriff 17.12.2007.
[9] http://www.slowakei-net.de/deutsch/slowakei_preview.html?body_politik-wirtschaft.html. Zugriff: 17.12.2007.

Dennoch zeichnete sich in den letzten Jahren ein Fachkräftemangel ab, weswegen Hyundai und eine Zweigstelle von Volkswagen sich nach Žilina und Martin umorientierten.

> *„Während in der Hauptstadt Bratislava die Arbeitslosenquote unter 5% liegt und sich für qualifizierte Tätigkeiten kaum noch Arbeitskräfte finden lassen, erreicht sie im strukturschwachen Osten des Landes über 30%. Das liegt unter anderem daran, dass sich ausländische Investoren vornehmlich im Westen des Landes und dort vor allem in Bratislava niederlassen - rund 60% der ausländischen Direktinvestionen flossen in den vergangenen Jahren in diese Region. Die OECD berichtet Anfang 2004, dass nur 57% der Arbeitsfähigen einer geregelten Tätigkeit nachgehen, 39% der schlecht ausgebildeten Erwerbsfähigen und 37% der Schulabgänger keine Arbeit haben, 25% der 15- bis 19-jährigen weder zur Schule noch zur Arbeit gehen und 80% der über 55-jährigen Erwerbsfähigen ohne Job sind. [...] Vorerst jedoch [bleibt] der Fokus der ausländischen Unternehmen noch in dieser Region."*[10]

Dennoch wies Kämpfer (2007) in ihrer Untersuchung nach, dass auch Bratislava sehr dynamisch sei und sein BIP zwischen 1998 bis 2003 um 36 Prozent steigern konnte. *„Auch die Riesengebirgsregionen sowie die Region um Brno konnten als zukünftige Gewinner des Osterweiterungsprozesses identifiziert werden. Zu den typischen Verliererregionen sind dagegen die restlichen slowakischen Regionen, vor allem jene, welche an die Nicht-EU grenzen, zu zählen. Dabei ist das absolute Maß der regionalen Ungleichheiten im europäischen Vergleich noch als moderat zu interpretieren, "* so Kämpfer (2007:23).

---

[10] ebd.

**Strukturwandel zur Wissensökonomie
Europäische Regionen im Vergleich
(aggregiert)**

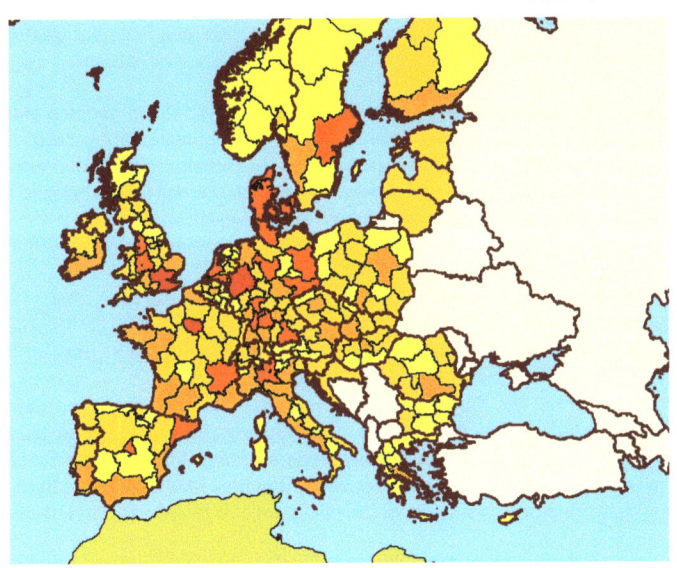

**Niveau der Wissensintensität der Regionen
Aggregat von 11 Indikatoren
(standardisiert)**

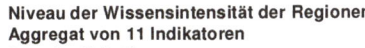

- 0.008 - 0.372
- 0.372 - 0.944
- 0.944 - 2.053
- 2.053 - 4.765
- 4.765 - 9.511

keine Daten

4. FAZIT

Das Ziel des Europäischen Integrationsprozesses ist es, die wirtschaftlichen und sozialen Bedingungen in den Regionen anzugleichen und so auch die Entstehung einer Europäischen Gesellschaft zu befördern. Im Verfassungsvertrag formuliert die *„Europäische Union ein auf Konvergenz orientiertes Integrationskonzept, in welchem ökonomische Unterschiede innerhalb Europas eindeutig als integrationshinderlich deklariert"* werden (Kämpfer 2007:4). Somit wird die Europäische Regionalpolitik zur Sozialpolitik der Staatengemeinschaft.

Die strukturellen Unterschiede innerhalb der Europäischen Union nehmen indes weiter zu. Zwar verringern sich die unterschiede innerhalb der Nationalstaaten, doch die regionalen Disparitäten innerhalb der Länder vergrößern sich, wie arbeiten von Heidenreich (2006), Duro (2001), Castro (2003), French (1998) sowie Münch und Büttner (2006) belegen (Vgl. Kämpfer 2007:5ff.) Vor allem die Hauptstadtregionen lassen Angleichungstendenzen erkennen, doch die Disparitäten im Zentrums-Peripherie- sowie Stadt-Land-Gefälle bleiben weiter bestehen.

Diese Entwicklungen zeigen sich auch in den osteuropäischen Staaten. Die Hauptstadtregionen zeigen eine strukturelle Angleichung an die EU-15. Die städtischen Agglomerationen sind die *„Gewinner des regionalen Strukturwandels"* (Hölcker 004:61). Doch genau wie in den Ländern der Beitrittsrunden in den 1980ern, verstärkten sich in den vergangenen Jahren die Disparitäten innerhalb der Länder Mittel- und Osteuropas, was langfristig zu sozialen Spannungen und Abwanderungstendenzen führen könnte. Kämpfer (2007:5) hält diese Entwicklungen in Osteuropa allerdings für besonders problematisch, da hier die regionalen Ungleichheiten unter ein bestimmtes Maß an Armut führen könnten, sie wenig transistorisch seien und eine rasantere Dynamik als in anderen Staaten aufwiesen.

Die Europäische Union sollte daher und in Anbetracht ihrer Konvergenz-Bemühungen in ihren Förderkonzeptionen die Entwicklung der peripheren und metropolfernen Regionen prioritär berücksichtigen, sich bereits abzeichnende Struktur verändernde Tendenzen fördern oder gegebenenfalls initiieren.

Einige Bemühungen, den zuvor dargestellten Entwicklungen Rechnung tragen, möchte ich an dieser Stelle nur kurz erwähnen. Die Europäische Kommission hat im Dezember 2007 der Woiwodschaft Slaskie, die in der aggregierten Analyse den Rang 51 erzielt und damit die stärkste Region Osteuropas darstellt, die keine Hauptstadtregion ist, das *„Operationelle Programm 2007-2013"* genehmigt. Das Programm fördert mit 2,02 Milliarden Euro (EFRE) vor allem die Prioritätsziele *„Technische Forschung und Entwicklung (FuE), Innovation und unternehmerische Initiative"* mit ca. 350 Millionen Euro und *„Wissensgesellschaft"* mit 1,76 Millionen Euro[11] und soll somit einen Strukturwandel zur Wissensökonomie unterstützen. Auch in der Slowakei werden die peripheren Regionen gesondert behandelt. Bratislava gehört, im Gegensatz zu allen anderen slowakischen Regionen, nicht zur Ziel 1 Förderung. Somit

---

[11] europa.eu/.../07/579&format=PDF&aged=0&language=DE&guiLanguage=en -. Zugriff 17.12.2007.

stehen diese Regionen zumindest nicht mehr in Konkurrenz mit der Hauptstadtregion um EU-Förderungen.

Dennoch wäre es verfehlt allein den Hauptstadtregionen ein Wachstumspotenzial zu attestieren oder in allen Regionen dieselben Maßnahmen zur Initiierung der Wissensökonomie vorzunehmen. Es gibt Regionen, die langfristig keine Entwicklungspotenziale in Bereich der Wissensökonomie ausbauen werden, egal ob diese Regionen von Förderungen in besonderem Maße profitieren oder nicht. Noch allgemeiner formuliert es Hölcker (2004:82.):

> *„Auf den Punkt gebracht kann man sagen, dass Förderung keine Voraussetzungen für regionale Entwicklung ist. Historisch gesehen ist sowohl Wohlstand ohne Regionalförderung als auch Regionalförderung ohne Wohlstand festzustellen."*

Er plädiert für die Unterscheidung von verschiedenen Regionstypen, die unterschiedliche wirtschaftliche Schwerpunkte herausgebildet haben (ebd.:54f.).

Insgesamt bleibt die sozio-ökonomische Angleichung innerhalb der europäischen Regionen eine Herausforderung, die in ihrem Idealmaß wahrscheinlich nicht erreicht werden kann. In Bezug auf die Wissensökonomie werden die Unterschiede sich nicht vollständig abbauen lassen. Die Europäische Union fördert und unterstützt durch ihre Regional- und Strukturfonds zudem nur diejenigen Initiativen und Potenzial, die bereits in Ansätzen vorhanden sind. Das ist durch die geforderte Ko-Finanzierung von EU-geförderten Programmen nicht anders möglich.

Daher bedarf es Konzepten für die ländlichen Räume, die durch mangelnde infrastrukturelle Anbindung und weniger stark qualifizierte Humanressourcen langfristig eher noch an Attraktivität und Dynamik verlieren werden. Diese Entwürfe werden weniger auf die Entwicklung einer Wissensökonomie abzielen, als vielleicht auf den Ausbau und die Modernisierung des Landwirtschafts- und Tourismussektors. Solange diese regionalen Unterschiede allein im Hinblick auf die kulturelle Vielfalt bestehen, könnten sie sogar im Sinne der *„Arbeitsteilung"* oder *„regionalen Kompetenzcluster"* genutzt werden. Zugleich muss aber darauf geachtet werden, die Zielsetzung der Europäischen Union, die sozio-ökonomischen Disparitäten langfristig abzubauen, zu adressieren.

LITERATUR

Brandenburg, Bianca et al: Does Qualification Drive Innovation? A Microeconomic Analysis using Linked-employer-employee Data. In: Institut für Wirtschaftsforschung (Hrsg.): IWH-Diskussionspapiere, September 2007.

Franz, Peter: *Räumliche Verteilung ostdeutscher innovativer Kompetenzen: Deutlicher Zuwachs im südwestlichen Umland von Berlin und in den Zentren Sachsens und Thüringens.* In: Institut für Wirtschaftsforschung (Hrsg): Wirtschaft im Wandel. 9/2007, 344-349.

Grabher, Gernot (1990): *On the Weakness of Strong ties. The Ambivalent Role of Inter-Firm Relations in the Decline and Reorganization of the Ruhr.* Discussion Papers. WZB, Forschungsschwerpunkt Arbeitsmarkt und Beschäftigung: Berlin.

Günther, Jutta et al: *Innovationen als Treiber der Wissensgesellschaft – Begriffserläuterungen und aktuelle Erklärungsansätze.* In: Institut für Wirtschaftsforschung (Hrsg): Wirtschaft im Wandel. 9/2007a, 330-336.

Günther, Jutta et al: *Forschung und Entwicklung – wichtige Quelle für Produktionsinnovationen auch in Ostdeutschland.* In: Institut für Wirtschaftsforschung (Hrsg): Wirtschaft im Wandel. 9/2007b, 337-343.

Hauser, Christoph et al: *The Learning Region: The Impact of Social Capital and Weak Ties on Innovation.* In: Regional Studies: The Journal of the Regional Studies Association. Volume 41/1, Febuary 2007, 76-87.

Hölcker, Norbert (2004): *Regionen Europas - Gewinner oder Verlierer des europäische Einigungsprozesses?* Eine Betrachtung des Bedeutungswandels der Regionen in Europa am Beispiel der europäischen Regional- und Strukturpolitik von 1957 bis heute. Marburg: Tectum Verlag.

Ibert, Oliver: *Zur Lokalisierung von Wissen durch Praxis. Die Konstruktion von Orten des Lernens über Routinen, Objekte und Zirkulation.* In: **Gebhard**, Hans et al (Hrsg.) Geografische Zeitschrift, Band 94, 2/2006. Stuttgart: Steiner.

Ibert, Oliver: *Towards a Geography of Knowledge Creation: The Ambivalences between "Knowledge as an Object" and "Knowing in Practice".* In: Regional Studies. : The Journal of the Regional Studies Association. Volume 41/1, febuary 2007, 103-114.

López-Rodrígez et al: *Human Capital Accumulation and Geography: Empirical Evidence from the European Union.* In: Regional Studies: The Journal of the Regional Studies Association. Volume 41/2, April 2007, 217-230.

Rabe, Claudia (2007): *Unterstützungsnetzwerke von Gründern wissensintensiver Unternehmen. Zur Bedeutung der regionalen gründungsunterstützenden Infrastruktur.* Heidelberg: Selbstverlag des Geografischen Instituts der Universität Heidelberg.

Strambach, Simone (1999): *Wissensintensive unternehmensorientierte Dienstleistungen im Innovationssystem von Baden-Württemberg – am Beispiel der Technischen Dienste.* Stuttgart: Akademie für Technikfolgenabschätzung in Baden-Württemberg.

Willke, Gerhard (2006): *Ökonomische Grundbegriffe.* In: Bundeszentrale für politische Bildung (Hrsg): pocket wirtschaft. westermann druck GmbH: Braunschweig.

INTERNETQUELLEN

BMVBS: Glossar - Metropolregion: http://www.bmvbs.de/dokumente/-,302.20402/Artikel/dokument.htm#M. Zugriff: 2.12.2007.

Eurostat Jahrbuch der Regionen 2007:
http://epp.eurostat.ec.europa.eu/cache/ITY_OFFPUB/KS-AF-07-001-07/DE/KS-AF-07-001-07-DE.PDF. Zugriff 6.12.2007.

Forschungsstelle Osteuropa Bremen. Arbeitspapiere und Materialien. Nr. 60 – April 2004 „Neues Europa?" Osteuropa 15 Jahre danach Beiträge für die 12. Brühler Tagung junger Osteuropa-Experten:
http://se2.isn.ch/serviceengine/FileContent?serviceID=10&fileid=E09926D3-EAEF-D722-5A7B-E2F97AFF6E36&lng=de. Zugriff: 2312.2007.

Homepage Eurostat:
http://epp.eurostat.ec.europa.eu/portal/page?_pageid=1090,30070682,1090_33076576&_dad=portal&_schema=PORTAL.

Informationen zur Lissabon-Strategie: http://www.lissabon-strategie.at/Lissabon/Themen/Strategie/default.htm. 13.10.2007.Oslo Manual: http://www.oecd.org/dataoecd/35/61/2367580.pdf. Zugriff: 20.11.2007.

Institut für Arbeit und Technik (IAT): Zur ausgewählten NACE-Branchen: http://iat-info.iatge.de/aktuell/veroeff/am/bosch01d.pdf. Zugriff: 6.12.2007.

Kämpfer, Sylvia: *Regionale Disparitäten und Faktoren regionaler Entwicklung. Eine empirische Untersuchung am Beispiel der Tschechischen und Slowakischen Republik im Zuge des Osterweiterungsprozess der Europäischen Union.* Berliner Studien zur Soziologie Europas, Nr. 9. September 2007: http://userpage.fu-berlin.de/~gerhards/bsse/BSSE_09_Regionale_Disparit%E4ten_und_Faktoren_regionaler_Entwicklung.pdf. Zugriff: 23.12.2007.

KEI. Presseerklärung:
http://kei.publicstatistics.net/KEI%20Press%20release%20Nov%202004%20final.pdf. Zugriff:
6.12.2007.

KEI. State-of-the-Art Report on Composite Indicators for the Knowledge-based Economy:
http://www.kei.publicstatistics.net/KEI_Notes1.pdf. Zugriff: 29.11.2007.

KEI. Zur Bewertung zusammengesetzter Indikatoren:
http://www.kei.publicstatistics.net/KEI%20D5_1.pdf. Zugriff: 29.11.2007.

Rennings, Klaus: *Messung und Analyse nachhaltiger Innovation*. Statistisches Bundesamt
(Hrsg.): kolloq.destatis.de/2005/rennings.pdf. Zugriff: 1.10.2007.

Sinz, Manfred: *Metropolregionen*. In: Informationen zur Raumentwicklung Heft 7.2005:
http://www.bbr.bund.de/nn_21694/DE/Veroeffentlichungen/IzR/2005/Heft07Metropolregio
nenEinfuehrung,templateId=raw,property=publicationFile.pdf/Heft07MetropolregionenEinfue
hrung.pdf. Zugriff: 2.12.2007.

Wirtschaft Polens: http://euost.bmwa.gv.at/pdf/Li_Polen.pdf. Zugriff: 15.12.2007.
http://www.auswaertiges-amt.de/diplo/de/Laenderinformationen/Polen/Wirtschaft.html.
Zugriff: 17.12.2007.
http://www.bpb.de/themen/I4Z26L,0,0,Wirtschaft.html. Zugriff: 17.12.2007.

Tenbrock, Christian: *Polen A und Polen B*. In: DIE ZEIT 26.08.2004 Nr.36:
http://zeus.zeit.de/text/2004/36/Polen. Zugriff 17.12.2007.
MEMO/07/579: Brüssel, 14.12.2007: POLEN – Operationelles Programm 2007-2013:
Woiwodschaft „Slaskie":
europa.eu/.../07/579&format=PDF&aged=0&language=DE&guiLanguage=en -. Zugriff
17.12.2007.

Wirtschaft Ungarns: http://www.bpb.de/themen/PY7V1A,0,0,Wirtschaft.html. Zugriff
17.12.2007.

Wirtschaft der Slowakei: http://www.bpb.de/themen/F8LBQG,0,0,Wirtschaft.html. Zugriff
17.12.2007.
http://portal.wko.at/wk/dok_detail_file.wk?AngID=1&DocID=426659&StID=211858. Zugriff
17.12.2007.